JN124160

公共交通の
自動運転が変える
都市生活

著者：西山 敏樹・長束 晃一

近代科学社 Digital

はじめに

　今の社会は、SDGs（Sustainable Development Goals）一色である。これは2030年までに誰一人取り残さない社会を国際的に創るための基本的な考え方であり、17の目標と169の細目がまとめられている。本書がテーマとする移動は、物・情報・場という生活者の基本的な欲求を充足させる上で必要不可欠なものと位置づけられている。その性質からSDGsの考え方に則り、移動自体を誰一人取り残さない状況にすることは我々に課せられた責務でもある。

　我々の都市生活では、色々な移動のシーンがある。まさにMovement Scapeというものがある。鉄道、バス、タクシーのような従来からの公共交通を使うシーンもある。自家用車やバイク、自転車などの車輌を自ら運転するシーンもある。それらに共通することは、人が車輌を運転することである。筆者は出張業務で各地を歩いているが、利便性から自家用車利用が増え、公共交通システムが年々各地で弱体化しているのを目の当たりにしている。一方、鉄道やバス、タクシーは人件費がかさんで事業の撤退や縮小に追い込まれる事例が少なくない。

　しかし、自家用車やバイク、自転車を特定の事情で自ら運転出来ない生活者も厳然と存在する。高齢な人、身体的な障がいを持つ人、運転が苦手な人、一時的な病気や怪我で運転が出来ない人、海外から仕事で来た人、学生で免許自体を取得出来ない人、子どもなど自らが運転出来ない人は、実は社会に色々と存在する。SDGsの誰一人取り残さない社会を創造する上では、誰もが物・情報・場という生活者の基本的な欲求を常時満たせるような移動のシステムのインストールが大切である。今やその問題が人件費であることは論を俟たない。

　後述するが、公共交通システムには多くの労働者がかかわる。それだけ人件費もかかっている。筆者は路線バス事業を専門研究領域のひとつにしている関係で、全国各地のバス事業者から日々相談を受ける。そのほとんどは路線の維持と人件費の問題であり、自動運転に関心を持つ事業者も増えている。今のバス事業は、コストに占める人件費の割合が非常に高い。鉄道やタクシーでも同様の傾向が見られ、公共交通事業は労働集約型産業

の典型とも言える。こうした公共交通事業の収益構造システムの見直しに急いで着手する必要がある。

そこで着目されるのが自動運転技術である。最近はテレビのコマーシャルでも自動運転技術が紹介される時代である。多くの人は、自家用車を自ら運転しなくてもよい時代が来るのか、という認識でいるかもしれない。しかし、自動運転技術は人件費がかさみ労働集約型の事業である公共交通システムにこそ援用の意味が大きくなる。読者の皆様に考えていただきたいことは、今の路線バス乗車に支払う代金の60～80％が運転士・整備士や事務職の方々の人件費になっていることである。少子高齢化が続き路線バスやタクシーなどの地域交通では、将来に向け運転士確保が難しくなる。無論、維持には一定の人件費も必要となる。

この人件費を抑制してサービスの水準を保っていく上で、自動運転の技術は大きな可能性を秘める。モータリゼーションが進む→自らが運転する→赤字になり人件費も払えないから地域公共交通システム自体が崩壊する、という悪循環を今こそ断つことが必要である。移動したい時に誰もが移動出来、基本的欲求を満たせる生活を実現する過程で自動運転を如何に社会へインストールしていくかが重要な課題になる。本書では、東急株式会社が進めてきた公共交通分野での遠隔型自動運転システムをベースとして、公共交通のシステムの自動運転化の技術と実証実験の成果、および今後に向けた課題などを読者の皆様と共有する。

併せて同じ東急グループの東京都市大学では、東急株式会社とも連携しながら公共交通の自動運転化に基づく未来都市生活のイノベーション戦略を研究してきた。本書では、その世界観も読者の皆様と共有する。読者の皆様への大切なメッセージは、公共交通分野で様々な実践を展開する東急グループが自ら公共交通システムでの自動運転技術とそれによる未来都市の戦略を研究していることである。もはや公共交通システムの自動運転化技術は大学や研究機関の研究レベルではなく、ビジネスを展開する公共交通事業者が取り組んでいかねばならない水準で、実現に向けて待ったなしの状況とも言える。最近は、従来にないモビリティサービスも増えている。ダイヤを設けず、呼び出し方式のオンデマンドバスを運行する地域も国内各地で増えている。図0.1は泉北ニュータウン（大阪府堺市）でのオンデ

マンドバスの実証運行事例、図0.2は大阪府大阪市のオフィス街を走る大阪メトログループによる実証運行事例である。いずれも自動運転化で本数の増加や効率的な運行を望める。

図0.1　ニュータウンでのオンデマンドバスの実証運行の事例（大阪府堺市）

図0.2　オフィス街でのオンデマンドバスの実証運行の事例（大阪府大阪市）

　また、高齢者の増加などで住宅街に入る超小型バスへの関心も高まっている。自動運転化による本数増加も期待される。筆者が地域公共交通活性

化協議会会長を務める東京都三鷹市の実証運行の事例が、図0.3である。自動運転技術を超小型バスに搭載して社会実験を行う事例は確実に増えている（図0.4）。

図0.3　住宅地に入る小型バスの事例（東京都三鷹市）

図0.4　超小型バスに自動運転技術を搭載して社会実験を行う事例（岐阜県岐阜市）

まさに、公共交通車輌を自動運転化することによって、今とは異なる未来都市のシーンが出来上がろうとしている。本書を読まれる皆様が、公共交通の自動運転の現状と意義を理解される一助になることを筆者一同望んでいる。

2023年9月

著者を代表して　西山 敏樹

目次

第3章　公共交通車輌の自動運転化が創り出す都市生活の未来

付録

第1章

地域公共交通の問題と課題

本章では、現代の地域公共交通が抱える問題および将来に向けた課題を整理する。そうした問題や課題をもとに、公共交通システムでの自動運転技術の必要性について訴求していく。

1.1　将来人口の変化とユニバーサルデザインのニーズ

　日本の少子高齢化は、加速度的に進んでいる。以下は内閣府のデータであるが、日本の総人口は2020年10月1日現在で1億2,571万人となった（図1.1）。

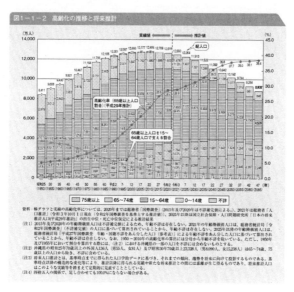

図1.1　日本の高齢化の推計
（出典　内閣府公開資料　高齢社会白書）

　高齢者である65歳以上の人口は3,619万人で、高齢化率は28.8 %となった。65歳以上の人口のうち、「65～74歳の前期高齢者人口」と「75歳以上の後期高齢者人口」を比べると、前期高齢者人口は1,747万人（男性835万人、女性912万人）で総人口に占める割合は13.9 %、後期高齢者人口は1,872万人（男性739万人、女性1,134万人）で総人口に占める割合は14.9 %となった。長寿化などの影響もあり、全人口に占める後期高齢者の割合が増していることがわかる。一方では、免許返納者数や運転経歴証明書交付件数も、年次増減はあるが多く存在している。後期高齢者も増え、

日常移動の足の確保が重要な社会課題になることは明らかな状況である。

　65歳以上の人口は、いわゆる団塊の世代が65歳以上となった2015年には3,347万人となり、団塊の世代が75歳以上の後期高齢者となる2025年には3,677万人にまで達すると予想されている。その後も65歳以上の高齢者人口は増加傾向が続き、2042年に3,935万人でピークを迎え、後に減少へ転じると予測されている。総人口は減少していく。しかし、2036年には総人口の33.3％、要は3人に1人が高齢者になると予測されている。2042年以降は65歳以上人口が減少に転じても、総人口に占める高齢者の率は上昇を続けると予測されている。2065年には実に全人口に占める65歳以上の高齢率が、38.4％に達するとも予測がなされている。すなわち2065年には国民の約2.6人に1人が65歳以上、総人口に占める75歳以上人口の割合が25.5％となり、3.9人に1人が75歳以上になると推計されている。まさに2065年に向けて少子高齢化が深刻化するものと、国は推計結果を公表している。

　いわゆるシンギュラリティが大方の予測通りに来て、2045年頃にAI（人工知能）が人の知能を超えたら、本格的に労働力の不足をAIとロボットの技術でカバーする時代に突入する。運転士のいない公共交通車輌が走り回る社会も、2045年頃に期待出来るようになっている。将来に向けておさえておきたいことは、人とAIが協働して誰一人取り残されず、誰もが移動しやすい状況を創出することである。少子化で労働力の担保は困難である一方で、自動車やバイクの免許を返納する人は今後も確実に多くなっていく。すなわち、自らの手と足で運転をせず、誰かの運転に頼らざるを得ない人が増えていく。まさに未来に向けこうした社会構図を念頭に置きながら、公共交通システムとそのサービスをデザインする時代へと変化している。さらに、SDGsの実現が社会で問われるようになり、誰一人取り残さない環境の創造には、誰もが使いやすい快適な環境を創造するためのデザイン哲学であるユニバーサルデザインを重視する向きもある。併せて、環境低負荷な製品やサービス、空間などを実現するためのデザイン哲学であるエコデザインも重視されている。筆者は、ユニバーサルデザイン×エコデザインで、効果的かつ効率的に誰もが取り残されない社会を創造するための研究を行っている（図1.2、1.3）。

図1.2　電車を走るスーパーに仕立てた研究例など
（東京都市大学西山敏樹研究室）

図1.3　バス営業所の空きスペースをコミュニティスペースとして応用した事例
（東京都市大学西山敏樹研究室と東急バス株式会社の協働）

　近年では、電車を走るスーパーに仕立てて誰もが気軽に買い物しやすくした「走るスーパー」や、バス営業所の空きスペースを活用し、コミュニティスペースとしてあらゆる地域住民の交流促進に応用した事例などがある。ユニバーサルデザインとエコデザインのように分野を掛け合わせて新しい都市生活の問題解決をしてSDGsに対応することは、もはや常識的になりつつある。本書のテーマである自動運転に照らし合わせれば、低床車輌×電動車輌×自動運転はその最適例である。移動のシステム自体がエコデザインで、誰もが利用しやすいユニバーサルデザインになる。まさにSDGsの世界で求められる同時解決性（一粒で何度でも美味しい体験をさせる）の好事例になる。

　公共交通車輌の自動運転化は誰にでもわかりやすく気軽に使える。また、自動運転との相性がよいことから使用されている電動車輌は、エンジン車に比べて部品点数が少なく3分の1程度の点数になる。したがって、整備

上の技術伝承も容易で、メンテナンスコストも下がる。無論、電動車輌ゆえに低エネルギー・低環境負荷である。一般市民だけでなく、公共交通事業者のビジネス性向上にも貢献する。

　次の参考資料にあげたユニバーサルデザインとエコデザインの条件を多数満たしており、SDGsの観点でも必要性が高いものである。

（参考）ユニバーサルデザインとその7原則

　ユニバーサルデザインは、誰もが利用しやすい製品やサービスを実現するためのデザイン哲学である。アメリカのノースカロライナ州立大学の教授などを務めたロナルド・メイスが1985年頃に提唱した。下記の7原則を意識して実現する。実践のプロセスでは、7原則の全て、またはいくつかを融合させながらみんなが快適なデザインを具現化していく。

①誰でも同じように利用出来る「公平性」
→身体的、心理的に使う人を選ぶことなく誰もが公平に操作・利用出来る
　状況を創出する。
【例】「自動ドア」、「複数の手すりがついた階段」、「段差のない歩道」など。

②使い方を選べる「自由度」
→自らの能力や好みに合わせ、使う人が使い方を自由に選ぶことが出来る
　状況を創出する。
【例】「高さの違う手すりやカウンター」、「多機能トイレ」など。

③簡単に使える「単純性」
→誰にとっても簡単で知識や経験などに影響されず直観的にわかりやすい
　状況を創出する。
【例】「分厚く複雑な説明書がなくても使える家電」、「電気のスイッチ」など。

④欲しい情報がすぐにわかる「明確さ」
→物やサービスの提供者が、何を伝えているのかが誰にでもわかりやすい
　状況を創出する。

【例】「電車内の多国語による案内表示」、「駅のサインシステム」など。

⑤ミスや危険につながらない「安全性」
→使用者側のミスをうまく回避して事故や危険の心配がなく、安全である
　状況を創出する。
【例】「パソコンでの元に戻る機能」、「使用中に開けると止まる電子レンジ」
　　　など。

⑥無理なく使える「体への負担の少なさ」
→ユーザーサイドが無理な姿勢を取ることなく、かつ省力で使用が出来る
　状況を創出する。
【例】「センサー式の水栓」、「レバーハンドル式のドア」など。

⑦使いやすい広さや大きさが確保されている「空間性」
→大は小を兼ねるという感覚も重視し、十分な大きさや広さが確保される
　状況を創出する。
【例】「サービスエリアなどにおける優先駐車スペース」、「多機能トイレ」
　　　など。

（参考）エコデザインとその定義（国連環境計画（UNEP）によるエコデザインの８つの法則）
　エコデザインとは、経済発展と環境保全の融合を並行的に進めるために
打ち出した新しい考え方・デザイン哲学である。アメリカのカリフォルニ
ア大学建築学科名誉教授のシム・ヴァンダーリンらが提唱したデザイン哲
学で、SDGsの推進と共に注目されている。工業製品から建築物、都市開
発からサービスまで地球上に存在しているものが対象となる。

①環境負荷の少ない原材料を選択する
→生態系を害する原材料は選択しない。再生可能なものや廃棄される副産
　物、また、安全性が実証されているものを原材料とする。

②原材料の使用量を最低限におさえる
→製造に関するオペレーションや、原材料の種類や数の最小化を進める。

③製造時の環境負荷を最小限におさえる
→製造時の使用エネルギーや廃棄物を最小化にする。

④流通経路におけるエネルギー消費をおさえる
→効率のよい運送システムを確立する。

⑤製品とパッケージを軽量化する
→再利用やリサイクル可能なパッケージにする。

⑥製品使用時に発生する環境負荷を最小限におさえる
→節水など、エネルギーの無駄使いを最小化する。再生可能なエネルギー
　を使用する。

⑦製品寿命をロングライフ化にする
→耐久性を持たせて、アップグレードが可能な製品とする。メンテナンス
　や修理も簡素なものにして、効率のよい修理システムを確立する。

⑧既存にないイノベーションあふれたまったく新しい製品を作る
→自然を真似てデザインし、生物を利用したデザインを行う。製品として
　のモノを作るだけではなく、サービスの利便性を考えたデザインを行う。

1.2　路線バス事業の問題と課題

　我々は、路線バスやタクシーに乗るとしばしば運転士募集をしている広告を見かける。運転士不足は、運転業務に特殊技能（2種免許）の保持が必要な上に身体的負担が大きいことや、賃金の水準が高くないことなども影響している。

　モータリゼーションが進み、路線バスやタクシーの収益悪化で運転士の確保が叶わない事例は現場でも相当増えており、筆者のところにも相談の件数が増えている。路線バスを走らせる費用のうち目下一番高いのは人件費で、約60 ％を占めている（図1.4）。

全国平均の経費内訳

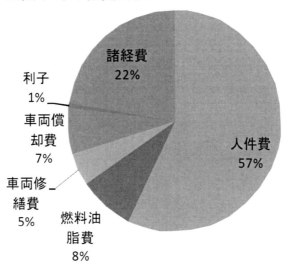

図1.4　路線バスの経費内訳
（出典　国土交通省報道発表資料「平成22年度乗合バス事業の収支状況について」
平成23年9月30日）

　筆者の独自の調査では、例えば、220円の均一区間運賃ではそのうちの60〜80％程度が運転士や整備士、事務職などの人件費になっていることがわかっている。全社員の半数程度が運転士というバス会社も多く、整備士の人件費もかさむ。目指すべきは、運転士と整備士の人件費削減を進め、路線を維持しながら収益をあげていくことである。本割合については後述するタクシー会社においても同様であり、公共交通事業は人件費の割合が高い。

　運転士の人数を削減するためには、自動運転を視野に入れないといけない。また、整備士の人数を削減するためにも、複雑なエンジン系の車輛より部品がその3分の1になる電動の車輛の方がよい。その上では、運行関係のコンピューティング制御という観点で相性のよい自動運転と電気自動車の技術それぞれのイノベーションの成果を融合し、新たなイノベーション融合の下で公共交通用の車輛、公共交通のシステムを仕立てることがベストである。

　また、全人口に占める高齢者の割合が大きくなることを考えると、幹線を走る大型バスを走らせるだけで地域公共交通の満足度を維持出来るかという問題がある。筆者は、東京都三鷹市、岐阜県高山市でモビリティデザインやユニバーサルデザインの政策づくりの委員長を務めているが、このプロセスでは、小型のワゴンやタクシー車輛での乗合可能性の議論が必ず出るようになっている。

　小人数の乗り合いで、幹線のバスとの接続性をよくして色々な生活者の地域内移動を支援しようという流れも各地で出来つつある。そうした新しい地域公共交通サービスを具現化する上でも、小型の乗合サービスの安定的な供給が期待される（図1.5〜1.7）。

　運転者の確保や人件費などのコストを意識しないで小型の乗合サービスの安定的供給を推進する上でも、自ずと電動の小型乗合車輛を自動運転で走らせるニーズが浮かび上がる。DXが問われるようになり、スマートフォンの普及にともない、小型ワゴンなどでのオンデマンド型輸送サービスも実証実験が進んでいる。これと自動運転技術との融合も将来に向けて期待される。

図1.5　小型バスの車種は日野ポンチョなど一部車種に限られる

図1.6　観光地で馬車代わりに電動小型バスを導入（大分県由布市）

図1.7　都区内で進む小型ワゴンの乗合サービス（東京都中野区）

　バス業界の問題としては、車輌開発力の減退もおさえておく必要がある。国内の主要なバスメーカーは、バス事業の縮小で製作する車種もやむなく減らしている。バスは幅が2.5 mの大型、2.3 mの中型、2.1 mの小型が存在するが、車体の長さにも色々な種類が存在しており、幅と長さをかけあわせると多様な車種が存在した。バリアフリー、ユニバーサルデザイン化の流れもあり、導入補助金の指定にもある国が指定する標準的仕様のバスを中心に製造する流れが国内に出来上がった。

　1980年代までは、路線の環境により幅や長さをバスメーカーがカスタマイズして製作する事例（例えば、幅を通常品より狭くするナローバスなど）も見られたが、最近ではそういう対応がコストの観点も含めて難しくなった。特に、コミュニティバスや小型の地域バスへの需要が高まる中での車輌標準化で、バス事業者が狭隘路のあるエリアでの路線展開をしづらいという新たな問題も発生している。そのためにも、小型の電動車輌で従

来にない需要の高いサイズの乗合車輛を自動運転で走らせられれば、新たな路線展開も可能になる。バス事業者の新たなビジネス展開と生活者の幸福度の増強などにもつながる。

　特に2023年度以降、本格的にモビリティ分野のバリアフリー・ユニバーサルデザインを目指す上では、運賃の上乗せも制度上認められるようになっている。公共交通システム自体をバリアフリー・ユニバーサルデザインにしていく上でも、また、SDGsを具現化していく上でも、早期に運賃上乗せ制度などを有効活用し、電動の小型乗合車輛を自動運転で走らせるサービスを定着化させ、ユニバーサルな交通を育てていくことが重要な課題となる。

1.3　タクシー事業の問題と課題

　筆者が過去に調べた結果によると、全国的に、タクシーは1台あたりの売り上げが35,000円（税込）を切ると走らせるだけ損になると言われる事業である。地区により運賃の体系は異なるが、都市部であれば夜間の中・長距離利用を繰り返して何とか35,000円を維持することが可能となる。地域の会社間の紳士協定で出庫台数を平準化させてどの会社にもある程度の収益が出るようにするアイディアもあるが、自由競争下であるためそれも実際にはままならない。事実、コロナ禍前の東京特別区のタクシー1台あたりの1日の平均売り上げは約50,000円前後であった。ところが、東京特別区（都内23区および武蔵野市・三鷹市）の2020年4〜6月の売り上げの推移を見ると、第1回目の緊急事態宣言が発表された2020年4月のタクシー1台あたりの1日の平均売り上げは22,500円程度になり、通常の50%程度まで落ち込んだ。5月の平均売り上げは30,600円程度、6〜7月でようやく分水嶺の35,000円前後に戻っている。しかし、利益幅が小さく厳しい状況になった。一方で、観光客をターゲットとしていた山梨エリアなどの観光地のタクシー営業収入を見ると、1日の1台の売り上げが8,000〜10,000円程度にまで下落しているところが見られた。

　無論、それはコロナ禍ゆえのことであり、COVID-19の5類引き下げや経済を重視した政策による経済活動の活発化などで、売り上げは上がってくるとの楽観的な予想も業界にはある。しかし、歩合制で給与額が決まる慣習のあるタクシー業界では、売り上げが大きく下がってしまったことで自己都合退職する運転士が増え、運転士の数が大きく減少してしまった。歩合給が基本の給与体系ゆえに運転士の収入レベルは深刻となり、大幅な売り上げ減は運転士の生活を圧迫してしまったのである。一方、コロナ禍ではすごもり需要も増えた。こうした構図で、業務用スーパーの食料品や病院・福祉施設への医療用品、Amazonを中心としたネット通販の配送が急増し、宅配ドライバーに転職した人も増えた。さらに、全国タクシー・ハイヤー連合会のデータによると、タクシー運転士の平均年齢は2018年時点で60.1歳と超高齢化を迎えている。2015年に全国で34万人いたタク

シー運転士は、2020年に28万人まで激減した。タクシー運転士は定年の年齢が高く75歳くらいまでは働けるが、2025年には24万人ほどにまで減るという予測もあれば、コロナ禍によってテレワークも浸透し、人の移動が予想以上に減ると運転士の他業界流出も加え、24万人を大きく割るという厳しめの予測もある。歩合制の業界的慣習からタクシー運転士の減少傾向は、地方部に行けば行くほど顕著になっていく。永らく続くドライバー不足および高齢化、コロナ禍、さらにはウクライナ侵攻などの国際情勢による燃料費高騰の三重苦で、タクシーの会社の廃業例、大手への売却例も散見されるようになった。営業時間帯を乗客が多い時間に絞るタクシー会社も増え、呼べばいつでも乗れるタクシーが各地で崩壊しつつある。

　東京特別区のタクシー運賃は、2022年11月14日から値上げされた。初乗り運賃が420円から500円に、一気に80円も引き上げられた。また、走行距離ごとの加算運賃も233 mごとに80円から255 mごとに100円の加算となり、実質的に値上げとなった。コロナ禍によるタクシー利用客の減少、燃料費高騰、配車アプリおよびキャッシュレス対応の新システム導入、従業員の待遇改善を総合的に勘案した結果の値上げではある。ところが、この値上げでさらに乗客離れが進むという悲観的な予測も存在している。そうした中でも、同じ方向の客を一緒に乗せる運送方法をはじめ、効率的なサービスも検討がなされてきた（1970年代のオイルショックの時に燃料が限られていたので乗合タクシーが存在した）。ところが、乗合タクシーは既存の路線バスの厳しい経営をさらに傷つけるのではないかという考えも存在し、政策的・制度的に簡単に認められるものではないという雰囲気も交通業界に存在する。ここまで述べてきた社会構図によって、タクシーそのもののサービスは伝統的なものから脱却出来ず縮小していく可能性が高まっていることを我々は認識しておく必要がある。いつでも呼べば来てくれるタクシーは消え去る可能性が高い。だからこそ、高齢化時代を見据え、気軽に地域で使える公共交通手段を確保することが必要である。

　免許を返納する高齢者が増え、路線バスもモータリゼーションで縮小し、いつでもどこでも呼べば来てくれるタクシーにも期待出来なくなる時代がやがて来る公算が大きい。そのためにも人件費を抑制して安定的に運行が出来る地域の公共交通の車輌、サービスが必要である（図1.8〜1.10）。

図1.8　タクシー用車輌で地域内の乗合を進める実証実験（東京都三鷹市）

図1.9　増加する車いすに対応するタクシー車輌

図1.10　電動化と自動運転を前提とした未来の東京のタクシーの像

　特に図1.10は、KIWA ART AND DESIGN社（筆者の教え子が起業し
協働して研究を行っている）がデザインコンペで優勝した「未来の東京の
タクシー」である。電動化と自動運転を前提とした、効率的で有効な運用
を目指したデザインである。こうした車輌が業界のイノベーションにつな
がるが、財政的にこの実現が相当に難しい。しかし、人手不足を想定すれ
ば自動運転＋電気自動車のタクシーの導入は、今が最後のチャンスと言え
る。まさにここが正念場といっても過言ではない状況である。

1.4 公共交通車輌の電動車輌化と自動運転への期待の高まり

　以上で見てきたように、各地の地域交通環境で既存の路線バスとタクシーは瀕死の状況に陥っている。COVID-19を起点としたテレワークの波及と総体的移動量の減少や燃料代の高騰、労働者高齢化による高騰する人件費への対応、運転者不足による事業継続への不安をはじめ、既存の路線バスやタクシーを取り巻く事業環境は極めて厳しい状況となっている。やはり地域公共交通を持続可能にしていく過程では、コストを極力下げていくしかない。バスやタクシーの事業にかかるコストの多くが人件費であることはすでに述べたが、これをおさえることで相当事業にはメリットがある。筆者の研究室に日々、地域交通事業者が相談されるが、お話を聞くと自動運転は事業の改善と継続への重要なヒントであると認識する。

　一方で、燃料費の高騰を考えても自動運転と相性のよい電動車輌を公共交通事業に援用することは重要な戦略である。例えば、エンジン車と電気自動車で、走るためにどれだけの費用が必要になるか。あるエンジン車と同スペックの電気自動車で比べると次の様になる。

エンジン車の燃費（0.07 L/km、ガソリン代140円/Lと仮定）

　1 kmあたりで0.07 × 140円 = 9.8円

電気自動車の電費（交流電力量消費率155 Wh/km、電気代25円/kWhと仮定）

　1 kmあたりで155 Wh × 0.025円 = 3.875円

　これはエンジン車（1.8 L・CVT車）の燃費、14.6 km/L（WLTCモード）をL/kmに変換すると約0.07 L/km、ガソリン代を1 Lあたり140円、電気代を1 kWhあたり25円（1 Whあたり0.025円）として計算している。これを見れば、多少の車種による差はあるが、おおむね同サイズであれば燃料費が電動化で半分ほどカットすることが可能であると予測出来る。ランニングコストを考えても、公共交通の電動化が自動運転による人件費

抑制と共に今後極めて重要になる。

　筆者は、過去に環境省の研究資金を得て、大型の電動低床フルフラット
バスの試作開発に携わった（2009年度環境省産学官連携環境先端技術普及
モデル策定事業「電動フルフラットバスの地域先導的普及モデル策定とシ
ステム化の実証研究」）。研究代表者は清水浩慶應義塾大学教授（当時）、筆
者は特任講師であり本研究のサブリーダーとしてバス試作の企画・試作・
評価を担当した。この大型電動低床フルフラットバスの試作開発の中心技
術は「集積台車」である（図1.11）。

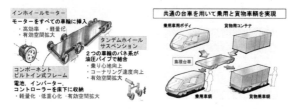

図1.11　筆者が慶應義塾大学時代に研究に携わった集積台車の概念

　その基本概念のポイントは、エンジンをモーターに換装するコンバート
型電気自動車でなく、ゼロから電気自動車専用のプラットフォームを開発
することにある。その独創性は走行に必要な機器の電池やモーター（各ホ
イールの内側に小型モーターを取りつけ、大型モーターひとつと同じ走行
力を維持するインホイールモーター方式）、インバーターなどを電車のモー
ター車のように床下に集中配置する点にある。本技術を集積台車と名づけ
ており、その特長から広い車室や平らで低い床面を実現出来るので、ユニ
バーサルデザイン性も向上する。

　国産の既存のノンステップバスは従来型のリヤエンジン式のツーステッ
プ車の技術を援用しているため、車輛後部を中心に段差が増えて車内での
事故も増えている。しかし、大型電動低床フルフラットバスなら、インホ
イールモーターを採用しており，フルフラットであらゆる人が乗りやすく
なる。自動運転技術と融合すれば，いつでもどこでもみんなが乗りやすい
バスを提供可能である。筆者が試作開発で中心的に携わった電車の様な集
積台車型電動バスならば、そうした車内事故も防げる（図1.12〜1.14）。

図1.12　大型電動低床フルフラットバスのフロント

図1.13　大型電動低床フルフラットバスのリヤ

図1.14　大型電動低床フルフラットバスの車内

　これらのような新しい電動バスは、集積台車を電動のバスに用いた世界初の事例であった。利用可能な車室の拡大、インホイールモーターと多くのリチウムイオン電池による一充電走行距離伸長、社会的要請であるバリアフリー性の確保などを同時に実現出来たのである。

　事業者側が最も関心を寄せるエネルギー費用に関しては、一般社団法人神奈川県バス協会への2009年10月の電動バス試作時の調査に基づいて、軽油1L 110円として、既存の大型バス（全長10.5 m、全幅2.5 m）では2.9 km、中型バス（全長8.9 m、全幅2.3 m）では3.0 km、小型バス（全長6.9 m、全幅2.1 m）では3.1 kmの走行が可能とわかった。大型に限れば、既存のエンジンバス車輌は1 kmの燃費が37.9円となった。一方、筆者らが試作開発した電動フルフラットバスは、上記の既存大型バスの代替を目指したもので、電動フルフラットバスなら大型で1 km 6.0円（夜間電力使用時）で走る性能を持つ。つまり、電動化で1 kmあたり31.9円の燃料面でのメリットが認められる。

　路線バスは全国平均で1台あたり1日130 km、1年間で300日走行する（2009年10月の電動バス試作時の、一般社団法人日本バス協会への調査による）。結果、31.9円×130 km × 300日で、大型バス1台あたりで年間約124万円の燃費削減効果があることが認められる。最近の都市部での大型バスは、全国平均で12～13年間で廃車時期を迎える。1台でのライフスパンで見れば、1,617万円分の燃費を13年間に抑制することが出来る。さらに、大型バスを500台保有する会社なら、代替で年間6.2億円の燃費削減の効果が生まれる。これは既存の大型エンジン式ノンステップバスのイニシャルコストのおよそ30台分にも相当し、費用削減効果が絶大と言える。本経験からも、公共交通車輌を電動化することには大きい経営的意義

があるものと言える。さらに、電動化はエコデザインで低炭素と低エネルギーの推進につながるだけでなく、公共交通事業のビジネス拡大にもつながる。

　筆者は、モビリティ確保という観点からコミュニティバスの路線検討にあたることがある。その過程では、エンジン車輌での騒音や排ガスの問題で路線新設を諦めざるを得ないケース、運転士や整備関係の人件費で運行を諦めざるを得ないケース、また、適切な小型乗合車輌が販売されておらず路線を開設出来なかったというケースが時々見られる。上記を総合的に捉えると、モビリティ確保の観点から従来にない小型サイズの自動運転型電動乗合車輌の研究開発は自動運転技術の搭載を前提に進めていく必要がある。高齢化時代に地域内の移動を効果的に維持する上で、こうした像の交通システムの開発が必須であり、次の第2章のような交通システムを開発するに至った。

第2章

東急株式会社を
はじめとした
公共交通車輌の
自動運転化の推進

本章では、公共交通事業を運営する東急株式会社を中心として開発を推進している遠隔監視・操縦型の自動運転システムの概要、および実証実験の成果と今後の将来展開について記述する。

2.1　自動運転技術を搭載した公共交通システムの動向

　自動運転技術を構成する主要な要素であるセンサーや処理装置の劇的な進歩を背景に、2010年代後半から、全国各地で自動運転技術の実証実験が行われている。

　2023年4月1日に改正道路交通法が施行され、運転手ではなく車輌に搭載された自動運行装置が運転操作を行う、いわゆる自動運転SAEレベル4について法的な枠組みが整備された。実際の運用については、各走行エリアの走行環境が多種多様で一元化することが難しい性質のものであるため、試行錯誤をしながら進んでいくものと思われる。

　公共交通向けの自動運転技術としては、様々なセンサーを使用して車輌のおかれた状況を認識、判断し、あらかじめプログラミングされた挙動を行うよう車輌を制御するものが主流となっている。しかし、実際の公道上においては車輌側のシステムのみで認知、判断が難しい走行環境も多々あり、判断の難しい場合には安全確保のため一時的に車輌を停車させることとなる。その際、運行再開にあたっては、遠隔監視拠点のオペレーターによる車輌周囲の状況監視や自動運行装置のフォローが必要不可欠であるという認識が広まりつつある。

2.2　公共交通事業者が自動運転に着手する意義

　まず、鉄道、バス、タクシーをはじめとする公共交通事業者においては、安全・快適な輸送サービスの提供が使命である。事業展開エリアにおいて、路線の計画、運行計画、安全管理、労務管理などサービスを安定的に供給して収益をあげるために多大な労力をかけ、継続的に改善を行っている。この地域に根ざした継続的な経営努力によるノウハウの重要性は自動運転技術の導入によっても本質的には何ら変わることはないと考えられ、自動運転技術を活用した輸送サービスの導入を検討するにあたり主体的な役割を果たすことはもはや自明である。

　また、鉄道事業者においては、前述の運営ノウハウに加え、運輸司令所と呼ばれる遠隔監視室からオペレーターが運行状況を把握しつつ運行状況をコントロールすることや、駅窓口や改札において、お客さまからの問い合わせへの対応を遠隔監視室で行うことがかなり以前から行われている。そのため、遠隔監視やシステムのフォローという概念については、事業者にもよるがなじみ深いものであると言える。

　東急株式会社においては、2019年から伊豆半島エリアにおける観光型のMaaSおよび、都市郊外部でのMaaSの実証実験に取り組んでおり、複数のモビリティサービスを統合し、スマートフォン上のサービスとして提供することに関して一定のノウハウを蓄積している（図2.1、2.2）。しかし、全国的な地域交通の担い手不足についてはスマートフォン上のサービスのみでは解決することは難しいとの認識に至り、省力化に資すると考えられる自動運転技術の導入を検討するに至った。

LINEアカウント画面イメージ

図2.1　交通・観光など複数分野のサービスを提供する「伊豆navi」の画面

図2.2　「伊豆navi」の展開エリア

　東急株式会社が自動運転技術を活用した実証事業に着手した当初はまず技術的な知識がまったくない状態からのスタートであったため、各地域での実証事業の視察、試乗や既存事業へ参加することで知識を蓄えていった。その過程では、自動運転技術が得意なところや不得意なところが明確になっ

てきた。

　自動運転技術の最も得意なところは事前に決められたエリア、ルートを正確に繰り返し運転可能な点であり、その分野においては人間の運転では到底不可能な精度を実現することが可能である。一方、不得意なところは人間の感情を読み取ったり、予測をしたりという多分に人間の曖昧さに左右されている点である。この不得意なところは当時の技術動向からは短期的に解決が不可能であり、また、交通手段としては安全性の確保が第一であることから、自動運転車輌の挙動は、基本的には何か判断が難しい状況に遭遇した場合にはまず停車するということが前提となる。

　停車した後の対応またはトラブル時の対応については、いずれにせよ人間が担うことが必要となってくる。これらを遠隔監視拠点のオペレーターに担わせることにより、安全かつ確実な自動運転車輌による運行を行えるのではないかと考えた。

　また、自動運転技術が進歩しても、それだけでは輸送サービスとして成立しない。例えば、路線バスの運転士は、運行中は運転業務以外に、お客さまの案内、料金収受をはじめとした多くの業務を行っている。仮に無人運行を志向するのであれば、これらをどのように代替するかを検討しなくてはならない。

　以上のように、交通事業者として自動運転技術を活用した輸送サービスを提供するためには、単に自動運転技術を導入するのみでなく、カスタマーエクスペリエンスを含めたサービス全体の設計、導入が必要となることを認識した。また、そのような交通事業者の立場に立ったサービス開発を行う事業者は、まだ技術導入の黎明期ということもあって前例がないため、東急株式会社において自らサービスを設計し、開発を推進しているところである。

2.3　遠隔監視・操縦型自動運転システムのメリット

　遠隔監視・操縦型自動運転システムにおける最大のメリットは、これまでは車輌に乗車した運転士が実施していた運転操作をはじめとする運行管理業務（ドアの開閉や運賃収受、お客さまの問い合わせといった旅客サービス業務を含む）を、自動運行装置および遠隔地（コントロールセンター）にいるオペレーターへ担わせることで車輌側で必要な運行管理業務を大幅に減らすことが出来ることである。

　それによって、これまでは時間や場所、また、運行コストにより運行や増便が難しかった箇所でより柔軟に輸送サービスが提供出来る可能性が広がる（図2.3、2.4）。

■当社が取り組む"自動運転"の特徴

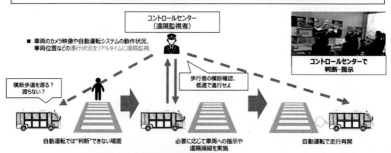

図2.3　遠隔型自動運転システムのオペレーションイメージ

図2.4　コントロールセンターにおいて運行管理中の様子（静岡県掛川市）

主なメリットを列記する。

①道路工事、路上駐車など事前にプログラムおよび検証することが難しい
　条件下で、遠隔操縦を併用することで柔軟な運用が可能となる。
②仮に車内を完全に無人としなくとも、車内のスタッフは運転操作を行わ
　ず、お客さまに必要とされている案内業務のみを行うなど、柔軟な運用
　が可能となる。
③運行管理者および遠隔オペレーターを人材確保の行いやすい箇所で集中
　一括運用することで、規模のメリットが発揮され、急な需要の変動への
　対応などよりレベルの高いサービスが可能となる。
④1ヵ所のコントロールセンターで複数台の車輌の運行管理が可能となる
　ため、運行コストを低減することが可能となる。

2.4　遠隔監視・操縦型自動運転システムの技術概要

　2019年から開発を行っている遠隔監視・操縦型自動運転システムについては、複数のシステムを統合して実際の運用を行っているため、各システムの概要について記述する。

2.4.1　小型バスタイプの電動車輌

　市販の電動車輌をベースに自律走行および遠隔操縦に対応した各種改造を施している。

主な仕様

　最高速度19 km/h　定員8名　航続距離80 km

　車体寸法　長さ4,900 mm × 幅1,500 mm × 高さ2,300 mm

2.4.2　自動運転システム

　自動運転システムは、国立大学法人東海国立大学機構が開発している自動運転ソフトウェア「ADENU」を使用している。

　3次元レーザーレーダーをはじめとした車輌に搭載された各種センサーを使用し、自動運転車の自己位置の計測や運転行動判断、走行経路の決定などを行っている。

2.4.3　遠隔監視システム

　遠隔監視システムは、株式会社ソリトンシステムズが開発している映像・音声の伝送を遅延が少なく高品質で行えるシステムを使用している。

　車輌には車内外の計10ヵ所にカメラが設置されており、1ヵ所で複数台の車輌の状態をリアルタイムで監視することが可能となっている。

2.4.4 遠隔操縦システム

遠隔操縦システムは、2.4.3の遠隔監視システムで使用している回線よりさらに遅延の少ない（0.2秒以内）送受信システムを使用し、専用のコックピットを使用することで、遠隔から車輛の運転操作を行うことが可能となっている。

2.4.5 旅客案内・運行管理システム（開発中）

旅客案内・運行管理システムは、車輛側が無人となった際に旅客案内や運賃決済をはじめとするサービスを可能とするため、遠隔側から旅客サービスを可能とするためのシステムである。現在は自動運転システムと連動しており、システムの認知・判断・作動状況および目的地までの距離、注意喚起などを自動で行えるようになっている。

今後は、コントロールセンターにいるオペレーター1名で複数台の車輛へ乗車するお客さまのご案内が行えるよう、システムの開発を進めていく（図2.5〜2.8）。図2.8は、自動運転車輛の車内のお客さまへ、自動運転システムの作動状況をお知らせするシステムである。

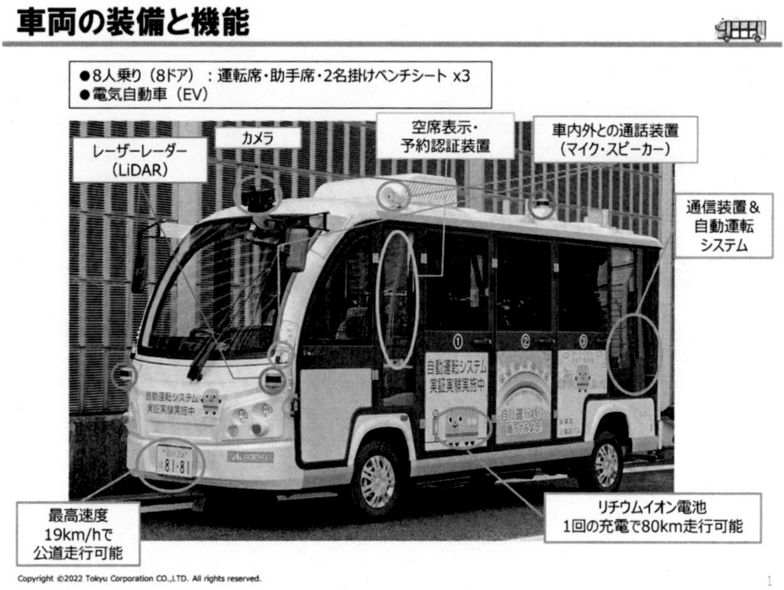

車両の装備と機能
●8人乗り（8ドア）：運転席・助手席・2名掛けベンチシート x3
●電気自動車（EV）
レーザーレーダー（LiDAR）
カメラ
空席表示・予約認証装置
車内外との通話装置（マイク・スピーカー）
通信装置＆自動運転システム
自動運転システム実証実験実施中
最高速度19km/hで公道走行可能
リチウムイオン電池 1回の充電で80km走行可能
Copyright ©2022 Tokyu Corporation CO.,LTD. All rights reserved.
1

図 2.5　車輛の外観

図 2.6　車輛の内観

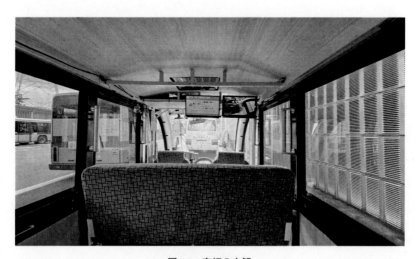

図2.7 遠隔監視システムおよび遠隔操縦システムを備えたコントロールセンター

図2.8 旅客案内・運行管理システム

2.5　遠隔監視・操縦型自動運転システムの実証実験と成果

　開発したシステムについては2020年から全国各地で実証運行を実施し、一般の市民にも多く乗車いただきながら、改良および信頼性の検証を継続的に行っている。

　各地での実証実験の概要を記述する。

2.5.1　2020年12月　静岡県伊東市

　首都圏から近く伊豆半島エリアの観光拠点となっている伊東市の伊豆高原駅周辺の地域において、主に遠隔操縦システムの基本的な信頼性・安定性を検証することを目的に実証運行を行った。

　公道においての実証実験は当時、全国的に見ても先進的な取り組みであり、有用性を確認することが出来た。

2.5.2　2021年10月　静岡県松崎町

　伊豆半島の西側に位置する人口約5,900人の松崎町は、鉄道駅が近隣になく、自家用車やバスが主要な交通手段となっているが、運転手不足をはじめとした移動の課題を抱えている地域となっている。

　実証実験では、静岡県交通基盤部からの委託を受け、将来の導入が見込まれる路線を選定し、約50 km離れたコントロールセンター（伊東市）からの遠隔操縦の信頼性・安定性を検証することを目的に運行を行った（図2.9～2.11）。図2.9のように、松崎町は海と山に囲まれた平地に中心市街地が立地しており、郊外部との交通は自家用車が中心となる。

　松崎町での実証運行にあたっては、すでに複数年にわたり複数回の運行を重ねていることもあり、地域住民のお買い物や通院といったニーズがありそうなルートとそうでないルートが明確になってきている。また、低速の車輌が町中を走ることについては、かなり地域住民の理解が促進されている。今後は継続的な運行に向けて、運行ルートや運行形態を決めていくことが必要と思われる。

図2.9 松崎町の遠景

図2.10 松崎町の運行ルート

図2.11　遠隔からの監視・操縦により、車輌側は無人で運行する様子

2.5.3　2022年8、12月　静岡県掛川市

　掛川市は主要コンテンツが広範囲に点在し、自動車のない旅行者の周遊が困難な状況である。また、COVID-19の影響からビジネス出張客も激減しており、駅周辺の施設は閑散としている。そこで、自動運転を活用した新たな観光コンテンツを検討するため、新幹線停車駅である掛川駅と主要な観光拠点である掛川城の間を結ぶルートでの実証運行を実施した。

　乗車された方々の感想を紹介する。読みやすくするため、原文をもとに一部表現を改めている（以下同）。

・自動運転車輌がここまで実用化に近づいていると知り、とても驚きました。今後色々な場面での有効活用に期待が高まります。ただ、急な飛び出しにどのくらい対応出来るのか、不測の事態への対応には少し不安も残ります。
・現在は自家用車で自由にどこでも行けるが、今七十歳で、あと10〜20年して免許を返還した時に自家用車の代わりに電話、LINEから予約して利用出来るようなものになるとありがたい。

　掛川市での実証運行にあたっては、信号連動装置を導入した。これは信号機からの情報を自動運転車輌へ常時送信し、信号サイクルの残秒数（あと○秒で灯色が赤に変わる）などの情報に基づき、車輌を自動で制御した。交差点を安全に進行するためには必要不可欠な技術であり、今後さらなる安定性および精度の向上を図っていく。

　また、地方都市での地域交通の検討にあたっては、このような新たな交通システムを理解し、使いこなす人材を育成することも大変重要である。今回の実証運行においては、地元の工業高校と連携し、生徒たち自ら顔認証を用いた予約システムの製作、試験を行うことや、高校の文化祭におけるシステムの展示などを通じて、若い人材の理解促進と育成を図った（図2.12～2.14）。図2.13の信号連動装置では、コントロールセンターにおいて信号の状況をリアルタイムで監視している。

図2.12　掛川市での運行の様子

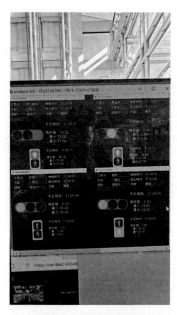

図2.13　信号連動装置

図2.14　地元の高校生たちによる顔認証カメラの試験の様子

2.5.4　2022年10月　静岡県松崎町

　2.5.3で実施した実証実験を発展させ、約100 km離れたコントロールセンター（三島市）より運行管理を行った。

　乗車した町民の方からの感想を一部紹介する。

・幹線道路での後続車輛が連なる際、もう少しスピードが欲しい。
・最高時速19 kmということでしたが、実際に乗ってみるとまったく遅く感じず、席もかなり広く、乗降時にステップもせり出して非常に快適でした。
・（主に免許返納後の高齢者の移動手段として）早く実装して欲しい。

2.5.5　2022年11月　静岡県沼津市

　年間160万人以上の集客力があり、静岡県東部地域の代表的な観光地である沼津市の沼津港と、主要駅である沼津駅を結ぶルートでの実証運行を実施した。港が賑わう一方で、ルートの途上にある駅周辺市街地への観光客の波及に課題があり、商店街に近い地点に途中停留所を設けることで駅周辺市街地の回遊性向上を図った（図2.15）。

　乗車した方々からの感想を一部紹介する。

・青信号でも減速したり、割り込み車輛の回避に課題があるようですが、すでに実用化レベルに達していると感じました。
・有人車輛の運転手が、必ずしも皆が安全に運転操作をしているわけではないので、今後の改良と本格導入に期待します。
・素人の自分としては、特に不安を感じることもなく滑らかに車輛が操作、プログラムされていると感じました。

図2.15　沼津市の運行ルート

　沼津市における実証運行ルートのように、明確な移動ニーズがある地点間を繰り返し運行するシャトルバスの運行形態は、比較的自動運転技術が得意とするところである。また、このルートにおいては、すでに他車種のグリーンスローモビリティがシャトルバスとして導入されているなど地域における受容性も向上してきている。今後は継続的な運行を行うための信頼性の確保や、運営形態についての検討を進めていく必要がある（図2.16 ～2.18）。

図2.16　沼津市で運行されているグリーンスローモビリティ

図2.17 沼津市での運行の様子

図2.18 自動運転車輌2台を続けて運行している様子

2.5.6 2023年3月 神奈川県川崎市麻生区、横浜市青葉区

　川崎市麻生区、横浜市青葉区は1970年代から大規模郊外団地が全国各地で建設されてきたが、多くの団地は台地に建設されていることから、自家用車を持たない人を中心に日常の買い物や通院が困難であるという課題を抱えている。今回は、郊外団地周辺とスーパーマーケット、コンビニ、また、地域住民向けのイベントスペースを結ぶルートで実証運行を行った。そして、将来的なバス会社における運行を見据え、東急バス虹が丘営業所

内にコントロールセンターを開設した（図2.19、2.20）。

図2.19　川崎市・横浜市での運行の様子

図2.20　東急バス虹が丘営業所内に設置したコントロールセンター

　なお、川崎市麻生区、横浜市青葉区においては、東急グループが中心となり、1960年代から多摩田園都市として開発事業を行ってきた。近年では2012年に横浜市と「次世代郊外まちづくり」の推進に関する協定を締結、

2015年に川崎市と「東急沿線まちづくり」に関する包括連携協定を締結するなど、行政や地域との関係性を構築してきた。

　昨今の世の中の変化は人々の生活スタイルを変え、郊外滞在時間の増加や自然への期待などが高まりを見せており、2022年に「nexus構想」を発表した。この構想では、緑豊かな「田園」と職住近接型の「都市」の共存を多摩田園都市エリアで目指すべき姿と捉え、東急グループが築いてきた行政や地域との関係性を生かした活動を展開していくとしている。

　2022年4月には、この構想の具体化の第一弾として「nexusチャレンジパーク早野」が開園した。川崎市、横浜市の市境近辺にある虹ヶ丘団地、すすき野団地エリアに、バディと共に様々な実証実験に取り組む拠点として緑豊かな約8,000㎡の敷地内にシェアリング型のコミュニティIoT農園や地産地消マルシェなどの多目的利用が可能な空間を作り、地域住民が日常的に自由に活用出来る場としても運営されている。今回はnexusチャレンジパーク早野において、地元住民向けのマルシェや教育をテーマとした地元小学校による青空図書館の運営といったイベントを開催し、自動運転車輌の実証運行をイベントと連動して開催したことで、地域の回遊性を高め、多くの方に自動運転による移動サービスを体験していただくことが出来た（図2.21）。体験乗車した方を対象に行った、アンケートおよびインタビュー調査における感想を抜粋して紹介する（図2.22）。

・路線バスが止まらない場所や狭い道などを通れる自動運転バスなら、病院の前やスーパーの前などに止まるようにしたら、買い出しや通院が大変な乳幼児の親子連れや高齢者の方も移動手段が増えて助かると思います。
・高齢者は団地内の移動が大変です。団地内とすすき野団地と東急ストアの往復だけでも喜ばれると思います。
・乗り降りの場所をフリーに出来ないか（スマホと連動）。
・60歳を過ぎ、山坂もあるのでこの地域を離れようと思っていた。しかし、こういった乗り物が出来るならば、愛着のあるこの街に住んでいきたいと思う。
・無人運行だと車内のトラブル対応や安心感に不安がある。

図2.21　nexusチャレンジパーク早野でのイベント会場付近を運行する車輌

図2.22　地元の方を中心にアンケート、インタビューを行った

今回のような郊外団地における移動サービスについては、特に買い物や、通院にかかるニーズがあることが明確になった。全国各地で同様の課題や

ニーズがあることが考えられるため、今後は継続的に運行するための体制づくりを行っていく必要がある。

2.5.7　2023年4〜5月　静岡県静岡市葵区

　静岡市葵区の駿府城公園を中心とした交通量の比較的多い市街地エリアでの運行が可能かどうかを検証した（図2.23〜2.25）。乗車した方の感想を一部紹介する。

・まだ人間の目や感覚のように細かい判断は難しいと感じますが、高齢化が進む今の世の中で、安全に実用化されるといいですね。
・思っていた以上にスムーズな運転で乗り心地も悪くなかったです。いざ完全に無人運転となるとどうかと考えた時に、運転手さんがいる安心感が現段階では大きいですが、安全面など周知されていけば、利用すると思います。交通手段に悩まなくていい街になると嬉しいです。
・乗務員＋案内人＋遠隔監視により、混在交通の中で発生しうる「万一」への安全が確保されている様子がわかりました。

図2.23　静岡市での運行の様子

図2.24　多数の市民が試乗体験した

図2.25　悪天候の中でも安定した運行を実現した

2.6 遠隔監視・操縦型自動運転システムの将来展開と課題

　前述した環境や運行形態の異なる多数のエリアでの実証を通じて、システムとしての実用性を高めてきたところである。今後は、実際のサービス展開に向け、以下の開発、実証を進めていく予定である。

2.6.1 遠隔オペレーションの高度化

　１ヵ所のコントロールセンターから複数台の運行管理を実施し、オペレーターにかかる負担や実務上の課題を検証する。また、車輌のみのセンサーで認知、判断することが難しい条件下では地上のカメラ・センサーの情報も活用し、より安全確実な運行を実現する。

2.6.2 遠隔オペレーターにおける業務の明確化

　現在、遠隔オペレーターは車輌の監視とお客さま案内の業務を同時並行で実施しているため、各路線における業務の役割分担を明確化し、システムに担わせるべき業務と、オペレーター自身が担うべき業務を明確化していく。

2.6.3 現地の運営要員との役割分担の明確化

　現地で事故やトラブルなどがあった際に車輌に駆けつける待機要員と、遠隔オペレーターの役割分担を明確化し、運用上の課題について検討する。

2.6.4 様々な車輌・サービスへの対応

　現在対応している車輌は１車種のみであるが、様々な車輌へ対応を拡大することで、サービスの提供の幅を拡げる（図2.26、2.27）。具体的なサービスの展望については、第3章にて触れる。

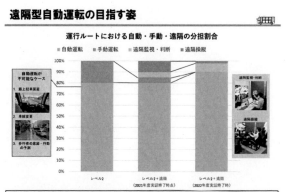

図2.26　遠隔型自動運転の目指す姿

サービス開発

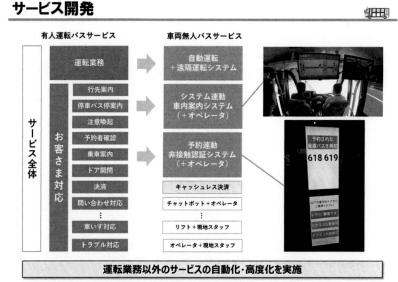

図2.27　有人運転バスと無人運行バスのサービス業務の分担

第**3**章

公共交通車輛の
自動運転化が創り出す
都市生活の未来

本章では、公共交通×自動運転の融合が未来都市に
どのような効果をもたらすのか、解説していく。公共
交通の自動運転化で都市生活のシーンがどのように
変わりうるかを考えるきっかけにしていただきたい。

3.1　電動車輛技術と自動運転技術の融合が創る未来都市

　元来、公共交通は人と人を交わらせて我々が物・情報・場という三大欲求を得ることを支援する重要な生活手段である。人と人の交際やつき合いを深めさせて究極的に幸福度＝福祉度を高める役割を担っている。そうした公共交通の役割に、高齢者や障がい者が増えるいまだからこそ、我々は今一度着目したい。

　筆者は、公共交通分野の2大課題であるユニバーサルデザインとエコデザインの融合化を進めてきた。特に電気自動車（本書では電気を電池に蓄えて走る狭義の電動車を指し、燃料電池車輛などは含まない）の試作研究開発に永らく関与してきた。排ガスと音が出ない電気自動車だからこそ、建物内を車が走る未来を夢想してきた。

　自動運転式の電動車輛が建物内を走れば、我々生活者の移動抵抗が大きく減るはずである。例えば、商品を買ったらデパートの通路に自動運転の電動バスが迎えに来る世の中があれば便利である。それにより、買い物をしたお店からバス乗り場までの移動をカット出来ることは想像に難くない（図3.1）。自動運転式の電動バスが頻繁に改札口前に乗り入れれば、バス乗降場と駅の改札口の間の移動もカットが可能である。

図3.1　自動運転方式の電気自動車がデパートの中に乗り入れているシーン

　筆者の研究では、前述のように大型の集積台車を用いつつ大型電動バスを仕立てている。大型の集積台車は都市間などの高速バスへの応用も期待出来る（図3.2）。高速バスは総じてバス事業でも収益性が高いので、自動運転化が進めばバス事業の維持・発展に資する。

図3.2　集積台車型の電動高速バス

　また、小さな集積台車を用いれば、中型バスや小型バス、救急車なども自由に仕立てられる（図3.3）。自動運転方式で住宅地に入れば、クリーンで利便性の高い移動手段に成長する。

図3.3　集積台車型の小型電動バス

　救急車を電動化して救急処置室に入れるようにすれば、医療面の効果も大きい。さらに、人件費を自動運転でカットすることにより、クリーンな車が頻繁に走る便利な未来都市を期待することが出来る。色々と電気自動車と自動運転の技術が融合した未来都市を想像してみると、ワクワクしてくる。

　筆者は、"交福＝交通＋福祉"で人類の幸福度を上げることをミッションとして研究を行ってきた。その一環で、建物の中を公共交通車輛などの多様な車が走る世の中こそが多くの人の移動抵抗をおさえ、都市のユニバーサルデザイン度、さらには交福度の向上に寄与すると考えてきた。本書では、筆者が従前から考えて議論・研究を進めてきた世界観を紹介しつつ、電気自動車＋自動運転型の公共交通システムと都市・建築が融合する未来都市のあるべき世界観を読者の皆様とも共有したい。我々のウェルビーイングの向上に貢献するはずである。

　筆者は、慶應義塾大学医学部の教員を3年間務めたこともある。それは、病院内の移動を研究し、改善するための特命業務であった。高齢の患者や障がいを持つ患者から、「なんで病院の中はこんなに移動しにくいのか」という声をよく聴いた。

　慶應義塾大学病院で、外来患者の移動状況を調べたことがある。病院内での移動頻度は1回の通院で6.0回、移動距離の合計は286 mで高齢者や障がい者が自力で移動するつらさが顕在化した。この病院内の移動抵抗を減らす手段として、筆者は建築物内を走行する一人乗り用の電動自動運転車とその運用システムを試作開発した（図3.4）。

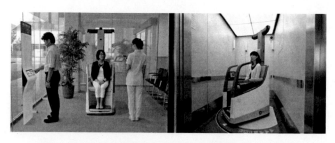

図3.4　筆者が試作開発の中心を担った建築物内を走行する一人乗り用の自動運転式電動車

　また、屋外と屋内を直通出来る電動自動運転車輛（図3.5）や病院内で物品を自動運転で運ぶ車輛も試作開発した（図3.6）。

図3.5　筆者が試作開発に携わった屋外と屋内を直通出来る電動自動運転車輛

　病院の受付までは自動運転方式の電動バス、最寄り駅との間を往復する屋外用の自動運転車で乗り入れ、その先は診察室や検査室を一人乗り用の

電動自動運転車で廻り、また、電動バスおよび屋外用自動運転車で帰って
いくようなシーンも夢想出来る。

図3.6　病院内で物品を自動運転で運べる運搬用車輌

　病院の受診のシーン自体が、車輌に乗ったまま受診出来るようになり変
わるかもしれない（図3.7）。

図3.7　自動運転方式の電動車輌に乗車したまま受診出来るようになる

　要は、病院の受付周辺を自動運転式の電動車輌のモビリティハブに仕立
て、患者諸氏の病院内外の移動を効果的に支援する考えである。今後も起
こる可能性がゼロとは言えないCOVID-19のようなパンデミックの状況

下では、自動運転車に乗ったまま会議に出たり（図3.8）、買い物（図3.9）や観光（図3.10）をしたりする環境も夢想することが出来る。

図3.8　自動運転＋電動の車輌で会議に出ている未来シーン

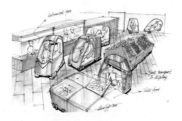

図3.9　自動運転＋電動の車輌で買い物に来ている未来シーン

図3.10　自動運転＋電動の車輌で観光に来ている未来シーン

　特に生活に不可欠な労働の分野では、コロナ禍と働き方改革政策の下で、テレワークや在宅ワークを行う人が増えるという大きな変化がある。筆者は2020年度に、東京都市大学総合研究所未来都市研究機構の研究の一環で首都圏の都市生活者を対象としてコロナ禍での労働状況とその将来展望に関する大規模な社会調査を実施した。結果、在宅ワーク中のZoomなどの家族間での混線をはじめ、業務に集中出来る書斎的な空間へのニーズ、在宅ワーク中に一人で休息やストレス解消を出来る空間へのニーズ、ワー

ケーション自体への若者を中心としたニーズが見られた。これらのニーズを同時に解決出来る装置として筆者は「オフィスカー」、すなわち自動運転を念頭に置いた電動の小型オフィスを提唱している（図3.11）。

図3.11　自動運転＋電動の動くオフィス「オフィスカー」のイメージ

　当面は自家用車に連結してワーケーションにも使用するイメージである（図3.12）。

図3.12　自動運転技術が進展する前のオフィスカーの牽引イメージ

　しかし、いずれ自動運転技術と融合すれば、運転自体不要になり仕事に集中したまま移動が可能になる。自宅にいる時は庭や玄関先に置き、書斎的な空間や、休息中の趣味を楽しむ空間として活用するシーンもありうる（図3.13）。活用の幅も広い。

図3.13　自動運転＋電動の動くオフィス「オフィスカー」の活用シーン

　いわゆるトレーラーハウスがコロナ禍で注目されているが、その多くが
建築分野からの発想に基づくものである。しかし、筆者の調査では、その
サイズや仰々しい感じから、気軽にワーケーションなどにも使えるより小
さな移動体へのニーズが高かった。自動車分野を専門とする立場からニー
ズを視覚化したアイディアが、この「オフィスカー」である。
　オフィスカーは苦境に陥るタクシー事業への新しい可能性も示している。
タクシー車輛にオフィスカーを挟むようにすれば、仕事に集中しながら駅
や空港まで直通する新サービスも提供出来る（図3.14、筆者と協働する
KIWA ART AND DESIGN社がイメージを提供）。

図3.14　自動運転技術が進展する前にはオフィスカーをタクシーに挟むこともイメージ

　大切なことは、ここまで紹介した自動運転＋電動の車輌は生活者の保有だけでなく、サブスクリプションやリースなどの生活者が保有しない貸出方式も想定される。貸出と整備は、車輌のメンテナンスが得意なバスやタクシー事業者での新しいビジネスにもなりうる。以上の未来モビリティのアイディアを見て、自動運転＋電動車の技術融合が我々の未来の生活を大きく変えうることがわかる。こうした世界観をはじめに共有し、都市の形態やシーン別に、公共交通車輌の自動運転＋電動化と未来の生活への効果を以下で述べていきたい。

　筆者が紹介する建築物の中を自動運転の電動車が走る世界観は、「未来は移動抵抗がより小さく、しかも持続可能性のある国際社会に移動環境が貢献すべきだ」という哲学に基づき生まれたものである。まさにイギリス由来のスペキュラティヴ・デザイン（未来を探索して筋のよい未来の姿への対応策を考えて未来へと近づく社会デザイン哲学）に基づく。「未来はこうもあるべきではないのか」、すなわち建築・都市と自動運転＋電動のモビリティが融合するという夢想からのバックキャストで、思索的に必要な電動車輌を編み出して開発してきた。

　未来都市にイノベーションを起こすためには、「複数の分野をまたぐ知の創出」「複数の分野のすき間に位置する知の創出」「複数の分野が融合した知の創出」「複数の分野に共通する知の創出」「複数の分野を包括・統括する知の創出」「分野の先端部分の知の創出」「常識を疑い逆の方法がないかの探究」「他の分野での方法論を自分の分野にあえて当てはめる実験的姿勢」の8つの姿勢が重要と筆者は日々提唱し、それを実践してきた。そして、建築・都市とモビリティが融合する新しい知を提案してきた。未来の都市生活のあるべき姿をまず描き、そこに近づくための対応策の選択肢を8つの姿勢に基づき描くことが、本書のテーマであるモビリティのイノベーションの可能性を拡げる。

　以下の節では、自動運転＋電動の乗合車輌について未来生活のあるべき姿から活用の方向を探っていくことにする。

3.2　大都市部での自動運転式電動乗合車輌の有効な活用

　自動運転式の電動乗合車輌は、大都市部であれば、まずオフィス街での循環バスとしての活用が想定される。

　東京の丸の内では、1974年2月から1983年8月までの9年半であるが、東京駅北口から日比谷・霞ヶ関・虎ノ門などのビジネス街を廻って新橋駅に赴くマイクロバスの路線が存在した。東京駅北口を起点とし、都庁（今の東京国際フォーラム）や数寄屋橋、桜田門、虎ノ門といった官庁街・ビジネス街を通り、新橋駅を終点とした。当時は、マイクロバスを活用してオフィス街を廻るという点でユニークなバスとして注目された（図3.15）。マイクロバスを活用し、自家用車のような性質を持たせて停留所間隔の短縮化、フリー乗降区間の設置など画期的な施策によって利便性向上を目指した。

図3.15　東京駅から新橋駅に向かう都営バスのマイクロバス

　官庁街やビジネス街の中や近距離区間での業務交通は、社用車やタクシーが使われることが多い。あえて業務交通を公共交通に吸収し、官庁街・ビジネス街を連絡するという点がユニークだったのである。官庁街連絡の路線バスとしては、東京駅～四谷駅循環などの小型車専用ルートも1966年頃に存在していた。官庁街やビジネス街の循環路線は、路線バスの新しい可能性を模索する上で時々登場する手法ではある。

　この東京駅北口から新橋駅のマイクロバスについては、当時の東京都交

通局が1日3,500人の利用を見込んだ。しかも4〜6分間隔という高頻度で走らせた。しかし、利用者は見込みの半分、さらには3分の1にまで落ち込んでいった。マイクロバスのため、座席定員制であり立ち席も利用出来なかった。

　1980年からのテコ入れでは、警視庁〜虎ノ門間でのフリー乗降性なども採用されたが、1981年度から1982年度にかけては都営バス全路線中の営業収支が最悪値に陥る（1982年度は支出の2億4,137万円に対し、収入はわずかに9,995万円であった）。運転士の人件費もふくらみ、官庁街やビジネス街の業務交通を公共交通に吸収していこうとするアンビシャスな路線計画も9年半で幕を閉じることになってしまった。

　しかし、丸の内では丸の内シャトルという企業協賛型運営（企業が地域社会貢献の観点で運行資金を提供し利用者は無料）の循環バスが2003年8月22日に開業している。2003年8月22日は、前述の都営のマイクロバス東京駅−新橋駅が廃止された日からちょうど20年が経過した日である。東京都千代田区の大手町・丸の内・有楽町（大丸有）地区を周回する無料巡回バスとして、日の丸自動車興業が運行している。毎日10〜18時台まで12〜15分の間隔で運行されており、平日のみ8時台と9時台には通勤用輸送のため丸の内・大手町地区のみの循環運行も実施されている。いわゆる大丸有地区の官庁街やビジネス街の業務移動の他、近年の同地区の観光活性化にも一役買っている。

　同じような企業協賛型のバスは日本橋でも2004年から運行されており、路線バス事業の新しいビジネスモデルとして注目されている。丸の内シャトルと日本橋シャトルは都バスのマイクロバスと異なり、約20年路線が継続されている（図3.16）。都営バスは、車内が狭いマイクロバスを利用したこともマイナスとなり、高い志の割に利用者が少なくなってしまった。時期尚早な路線バスとして振り返られる。

図3.16　日本橋バス界隈を廻るメトロリンク日本橋に使われる小型のバス車輛

　安全で便利な業務移動、丸の内のような大都市中心部の観光地化の移動支援ではエリア内の循環バスのニーズが見込める。路線バスもユニバーサルデザイン性が高くなり、地下鉄の利用より階段の昇降もなく便利である。そうしたバスに自動運転＋電動車の技術を導入することによって、より本数が多く安定的かつ信頼性のある運行（場合により、ダイヤ制よりも便利な利用状況に応じた自律的な運行も視野に入る）を期待することが出来るだろう。

　大阪の梅田でも業務移動と観光支援の双方を視野に入れ、オンデマンドバスが運行されており、自動運転と電動車の技術導入は、丸の内や日本橋と同じように安定的な運行に貢献出来る。業務用途でエリア内を廻る荷物搬送車輛に応用する戦略、ランチや物品類を運びビジネス街の労働者支援に応用する戦略も想定される。かさむ人件費をおさえた新しい乗り物の展開を期待出来る。

3.3　郊外都市での自動運転式電動乗合車輌の有効な活用

　自動運転式の電動乗合車輌は郊外都市部（ここでは、東京新宿や大阪梅田から特急や急行で30〜40分程度の町田や枚方などのベッドタウンエリアを指す）での展開可能性が大変高い分野である。こうしたエリアでは、子どもが独立して配偶者も亡くなるパターン、元々子どもがおらず配偶者が亡くなるパターンなどで、独居の高齢者が増えている。高齢化が進んでいくと身体障がいを持つ方の割合も高くなる。

　一方で、ベッドタウンはおおむね丘陵地も多く、一人で地域内の移動をすることがとても難しくなる。例えば、夫が自家用車を運転し、妻をどこかに送り届けるようなことがなくなってしまう。最も独居の高齢者が困るのは、買い物難民になりやすいことである。地域のスーパーマーケットや百貨店などに行きにくくなる。よって、自動運転式の電動乗合車輌を買い物支援に活用するのは有効である。買い物支援にも色々とパターンがある。例えば、非雨天時には買い物に行くことを支援する人を運ぶ車、梅雨のような雨天時には物品を運び地域を廻る移動販売車として活用する。後者は、物品を渡す際に交通系ICカードなどで本人認証・決済すれば可能となる。人生の根源として、物品を買わなければ我々は生活が出来ない。ここを支援することは住民のウェルビーイングを高める。

　自動運転方式の電動乗合車輌は高齢者の多い地域で福祉車輌、病院送迎車などの医療福祉分野にも展開可能である。特に筆者は、岐阜県高山市で介護福祉分野のDX展開を、事業者やその地域の方などと研究している。その中の議論では、介護福祉のサービスを提供する側の人手不足と身体的負担の軽減策として、自動運転方式の電動乗合車輌の活用がしばしばDXに基づく改革のトピックにあがる。いわゆる介護・福祉サービスの事業所と自宅の間の送迎を、自動運転方式の電動乗合車輌にシフトさせようというアイディアである。電動で騒音や排ガスを出さない車が自動で各所を走ることで、マンションのエントランス部分に乗り入れたり、介護福祉施設の中に乗り入れたり、移動抵抗を減らすアイディアが拡がる。電動車輌が増

えれば増えるほど、建築デザインもそれを受け入れられるように変わっていく。建築とモビリティの融合については西山敏樹「建築とモビリティの連続・統合」（＜特集＞都市のイノベーションは可能か？）」（日本建築学会『建築雑誌』1756号、pp.26-29、2021年12月）に詳しいが、建築の業界も電動・自動運転モビリティの受け入れへと確実にシフトしている。

　さらに、郊外都市では女性の社会進出で共働き夫婦も増えている。特に保育施設および幼稚園へ小さい子どもを送迎するために、朝夕を中心に、マイクロバスが地域内に運行されている。こうした車輛のサービス自体が、保育施設や幼稚園の財政を圧迫している。併せて、運転者も元バス運転士、トラック運転士が多い業界であり、人材の確保も高齢者増加で困難になりつつある。送迎サービスの維持への電動の自動運転車の活用は今後十分に想定される。

　そして、大学のキャンパスも主に1990年以降、郊外に移転している。郊外のキャンパスは面積が広いところも多い。短い講義間の休憩に施設間を移動するのは教員・学生とも同じである。例えば、筑波大学は面積も広大で大学構内専用のバスも運行されている。これからの大学ではリスキリングの流行もあり、高齢者の通学者も増えると予想されている。併せて、障害者差別解消法の施行で、身体障がいを持つ方の大学通学もしやすい環境になっている。こうした社会動向をふまえ、郊外の大学キャンパス構内で電動の自動運転車を循環させることも十分にありうるシナリオである。移動がしやすいユニバーサルデザインでエコデザインなキャンパスを創造していく上でも、電動の自動運転車輛の活用は大きく期待される。

　他にも幹線バスと接続するフィーダー輸送に、電動の小型自動運転車輛を活用する方法もある。かつて筆者が地域公共交通活性化協議会会長を務めた東京都三鷹市では、幹線バスが集まる杏林大学病院から住宅地に入っていく小型電動バス（この時は早稲田大学の車輛を活用）の走行を試したことがある（図3.17）。これは人を乗せたり買い物の物品を運んだり色々と買い物を支援するために使える。また、朝のラッシュ時には各方面の丘陵地から降りてきたバスを結節点からセンサー連結して高速輸送するアイディアもある。夕方のラッシュ時には結節点で切り離せばよい（図3.18、3.19）。

図3.17 住宅地を廻る小型バスはモビリティ確保の重要な手段になる（東京都三鷹市）

図3.18 電動自動運転車輛（筆者と協働するKIWA ART AND DESIGN 社が描画）

図3.19 朝夕に小型電動車輛をセンサー連結して高速自動運転すると効率的な運行になる

　電動の自動運転車輛の活用は住宅地での騒音や排ガスなどの対策になり、無論自動運転による本数の安定的供給にもなりメリットが多い。

3.4　地方都市での自動運転式電動乗合車輌の有効な活用

　郊外都市からさらに電車で進んだ地方都市でも、電動の自動運転車輌の活用は色々と可能性がある。近年では高齢者や障がい者の生活支援、小さい子どもを持つ親の生活支援などを念頭に役所や銀行の窓口をバスやトラックで展開する事例もある。要は移動役所、移動銀行窓口と呼ばれるものである。こうしたものも現在は人が運転していき、行政や銀行のサービスも人が行っている。

　しかし、電動で自動運転の車が各方面へ運行され、テレビ会議システムでサービスを提供すれば人的資源を有効に活用出来、省力化が実現する。図3.20のように移動する役所や銀行の窓口になる車輌（ボックス）を何台か挟んで運行し、需要に応じたサービス展開も期待することが出来る。

図3.20　効率よく各地でサービスを提供するアイディア
（筆者と協働するKIWA ART AND DESIGN社が描画）

　また、イギリスの北部では郵便車輌とバスの兼用車輌が存在する。ポストバスと言われる乗り物である。郵便ポストや荷物搬送の結節になる場所をバス停と兼ねることで、荷物と人の両方を乗せたり降ろしたりすることが出来る。こうしたサービスも地方都市で喜ばれる。

　いずれはAIの進展で、ロボットに荷物のピックアップや降ろしをさせることが出来るようになる。そうなることで、地方都市のモビリティと荷物運送を完全無人化の形で実現出来る。図3.21の様な兼用車輌が街中を自動で走れば地域内の物流にも使え、郵便荷物と人を両方効率よく運べて生活

者の利便性も高まる。地方都市では移動パン屋や移動弁当屋も多く、そうしたシーンにも応用可能である。

図3.21　ポストバスの国内版のイメージ
（筆者と協働する KIWA ART AND DESIGN 社が描画）

さらに、日本では、徳島の海南地域ですでにDMVという乗り物が実用化されている。DMVはデュアル・モード・ビークルの頭文字をとったものである。これは、同じ車輌が鉄道線路上と通常道路の上の両方を走れる新しい交通システムである。DMVを電動化して自動運転化すれば、地方都市のモビリティ確保も効率的に実現可能となる（図3.22）。

図3.22　鉄道の線路と普通の道路を走れる DMV
（写真の奥の車輌）

　地方都市では、この技術の導入を検討しているところが多く存在する。地域内の細かい輸送と鉄道での幹線輸送の両方が1台の車で可能になるので期待が集まっている。今はエンジン車輌ベースの小型のバスを改造して使っており、運転士が乗務している。

　しかし、人件費がかさむため、今後の持続可能性を考えれば無人化は大きなカギを握る。少し夢物語的ではあるが、自動運転技術で電動の車輌をDMVに応用することで、地方都市部での効率的なモビリティの確保も期待出来る。

3.5　観光環境での自動運転式電動乗合車輛の有効な活用

　上記の他、観光環境に限れば、かつてよく見られた馬車代わりの乗り物として低速のバスが期待されている。特に群馬県桐生市に本社がある株式会社シンクトゥギャザーの低速のインホイールモーター方式の電動バスは、地域をゆっくり廻れる手段として普及している（図3.23、3.24）。

図3.23　富岡製糸場の周辺を廻る小型の電動バス

図3.24　宇奈月温泉の周辺を廻る小型の電動バス

　鉄道を降りたら、モータリゼーションで肝腎の観光スポットまで廻ってくれるバスがない場所は増えている。そうしたことを解消するために小型電動バスに注目が集まっている。観光地に住んで事業を展開する方にも環境にやさしいと好評である。

　筆者も群馬の富岡製紙場や、富山の宇奈月温泉での活用事例を調査したことがある。いずれも鉄道駅から先のアクセシビリティを高めていることがわかった。観光地周遊の車輌を自動運転式の小型車輌にシフトさせることも、運行の持続可能性の観点で意義が大きい。里山観光のために、鉄道駅からのサイクリング環境を整えるケースも多い。

　しかし、自転車は、筆者が調べたところ100人いれば3人は乗れないというデータがあり、一緒にみんなが楽しめる乗り物とは言い難い。また、高齢者が増えるほど、自転車は交通事故防止の観点もあり敬遠されやすい。こうした傾向もふまえ、里山観光に自動運転方式の小型電動バス車輌を援用することも効果を期待出来る。もちろん障がいを持つ方の観光支援にも有効である。

　以上のように、電動車輌の技術と自動運転の技術を融合させることで、我々の都市生活のシーンが未来に向けて大きく変わることが期待出来る。まさしく、都市生活者のウェルビーイングを高めるイノベーション融合型のテクノロジーである。そこで我々に求められていることは、この技術を育てて普及させることである。それをいち早く進めていくことが肝要なのである。

3.6　進む自動運転のレベル上昇と都市生活の新しいシーン

　本書を執筆するプロセスでも、自動運転の技術水準は日々上がっていった。自動運転技術を未来の公共交通のシーンに援用するというテーマでは、福井県永平寺町での実証実験が大きな動きであった。2023年3月30日に国土交通省中部運輸局が、すでに永平寺町で移動サービスとして運行してきた自動運転車輛について、道路運送車両法に基づき、全国初の運転者を必要としない自動運転車である「自動運転レベル4」の認可を行ったのである。

　このレベル4の申請者は国立研究開発法人産業技術総合研究所（産総研）で、運行主体は永平寺町となる。筆者も、2023年6月3日に現地での視察と取材を実施した。運行の区間は福井県永平寺町の「永平寺参ロード」のうち、荒谷と志比（永平寺の門前）の間の約2kmである。鉄道が好きな読者の方はわかると思うが、当地には今のえちぜん鉄道永平寺口駅から永平寺駅の間に、京福電気鉄道永平寺線が運行されていた。いわゆる京福電気鉄道越前本線列車衝突事故が引き金となり、2002年に廃止された鉄道路線である。

　その永平寺線の跡が永平寺参ロードとなっており、永平寺に向かう遊歩道となり自然を愉しみながら歩く人々も散見される。運行車輛は、ヤマハ製のゴルフ場などで活用する電動カートを産総研が改造して自動運転機能を追加したものである。

　この電動カートを援用した自動運転車輛は、永平寺参ロードに敷設をした電磁誘導線上を追従しながら走行する。3台の電動カートが時速12kmで行ったり来たりする（図3.25）。その光景は、さながら鉄道のような見える線路が自動運転の見えない線路に変わったイメージである。まさしく未来に向けた新しいテクノスケープ（新しい技術に基づく都市生活のシーン）で社会が確実に動いていることを実感出来る。

図3.25　3台の電動カートを乗合車輌として活用して自動運転レベル4を展開
（福井県永平寺町）

　筆者が視察・取材に出かけた時も、レベル4ゆえに停留所にいると発車時刻になり次第コントロールセンターから「乗りますかね？」と質問された。そして、実際に乗車したら筆者一人しか乗らないカートが動きはじめた。

　歴史ある京福電鉄永平寺線（最初は永平寺鉄道といった）の跡地をどんどん永平寺門前に向けて進んでいく。途中で交換可能な場所も用意され、単線のローカル線の線路が見えなくなっただけのイメージで展開されている。運転者がおらずとも、専用ボタンを押せばコントロールセンターと通話出来るようになっており不安もない。廃線跡で比較的クローズな公的道路ゆえに、レベル4が展開しやすいことは想像に難くない。しかし、観光の支援にもなるし、今後も少子高齢化や公共交通事業の経営の厳しさから増えるであろう廃線の跡の有効な活用を示唆している（図3.26～3.28）。特に、公共交通維持の新しい方向性を示唆している観点で、今回のトライは大いに我々が注目すべき事例である。

図3.26　自動運転のレベル4ゆえにスタッフは乗っておらず
筆者だけが乗車して移動

図3.27　荒谷と志比の間は廃線跡で自然を愉しみながら移動が可能

図3.28 シートにはコントロールセンターとの通話用のボタンも設置

　荒谷と志比の間は従来から永平寺に向かう路線バスも走り、無論、自家用車での観光客も目立つ。当然、筆者しか乗っていない自動運転のカートへ視線が集まる。路線バスや自家用車の利用者は、みんなこちらを見て微笑んでいる。ある意味、今は生活者にとってのもの珍しいシーンとなっている。

　しかし、こういったシーンが当たり前の都市生活が間近に来ているとも言える。永平寺町の事例は公共交通と自動運転の融合が我々の生活の幅を拡げ、有意義なものにすることを期待させる。廃線跡の事例から拡がりを見せ、よりオープンな普通の都市環境でレベル4（場所を限定しての完全自動運転）、さらには、レベル5（場所を選ばない完全な自動運転）へとパラダイムシフトしていくベースとなるような事例であり、注目をしていきたい。

付録

A.1　地域公共交通分野における国の取り組みの動向

　国土交通省としては、昨今の鉄道・バスなど地域公共交通の状況について、以下のように捉えている（図A.1、A.2）。

　　　人口減少等による長期的な利用者の落ち込みに加え、コロナ禍の直撃により、地域交通を取り巻く状況は年々悪化。特に一部のローカル鉄道は、大量輸送機関としての特性が十分に発揮できない状況。

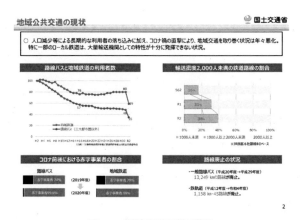

図A.1　地域公共交通の現状

上記をふまえ、以下のような方針を策定している。

　　　需要の減少は、交通事業者の経営努力のみでは避けられないものであるため、自動運転やMaaSなどデジタル技術を実装する「交通DX」、車両電動化や再エネ地産地消など「交通GX」、①官民共創、②交通事業者間共創、③他分野共創の「3つの共創」、すなわち、地域の関係者の連携と協働を通じて、利便性・持続可能性・生産性を高め、地域公共交通の「リ・デザイン」（再構築）を進める。

図A.2 地域公共交通リ・デザイン関係予算一覧

　事業のメニューに「EVバス」「自動運転」の導入事業もあげられており、重点的な施策と扱われていることがわかる。今後の本格的なEV/自動運転車輌の導入にあたっては積極的に活用を検討すべきものと言える。

　また、まちづくりの要素として公共交通を捉える場合に、「立地適正化計画」を含む都市計画の骨子も重要である。こちらでは、「コンパクト・プラス・ネットワーク」の考え方の重要性を提示し、充実させるべき都市インフラとしての公共交通を明確にするよう求めている。当然、インフラ整備のために必要な資金の補助スキームも提示されており、公共交通を含む都市計画を策定する際には、活用を検討すべきスキームと言える。

　これまでの地方公共団体による地域公共交通計画・地域公共交通利便増進実施計画の策定状況をふまえ、さらなる策定件数の増加および質の向上を推進すべく、政策目標値も設定されている（図A.3）。

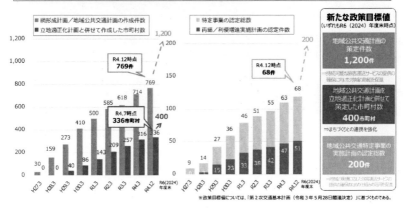

図A.3　政策目標値の設定

参考文献

[1]　国土交通省　令和5年度第1回（第23回）交通政策審議会交通体系分科会地域公共交通部会　配布資料
https://www.mlit.go.jp/policy/shingikai/sogo12_sg_000166.html

[2]　国土交通省　立地適正化計画の意義と役割　～コンパクトシティ・プラス・ネットワークの推進～
https://www.mlit.go.jp/en/toshi/city_plan/compactcity_network2.html

[3]　国土交通省　地域公共交通の活性化及び再生に関する法律について
https://www.mlit.go.jp/sogoseisaku/transport/sosei_transport_tk_000055.html

A.2　自動運転移動サービス導入に向けたプロジェクト

　経済産業省を中心に、先進モビリティサービスを実現・普及するためのプロジェクト「RoAD to the L4」が運営されている。プロジェクトのWebサイトでは、自動運転移動サービス導入を検討する自治体や事業者向けの手引き書を公開しており、導入にあたって検討する際に参考となると考えられる。

参考文献

[1]　経済産業省　自動運転レベル4等先進モビリティサービス　研究開発・社会実装プロジェクト
　　https://www.road-to-the-l4.go.jp/

A.3　日本のバス事業者におけるEVの導入状況

　日本バス協会は2023年1月17日、2030年までにEVコンバートバスの導入台数を1万台まで増やすことを目標として発表した。全国に6万台あると言われる路線バスの車輌のうち2割程度となり、かなりインパクトのある数字と考えられる。充電インフラの整備をはじめ、課題は多いが、EVバス車輌における乗り心地や静粛性は、従来のバス車輌と一線を画すものである。

　国内のEVバスの台数は、2022年度末時点では150台程度にとどまるため、前述した国による導入支援施策が望まれる。

A.4　シェアサイクルなどマイクロモビリティの動向

近年、都市部においてもシェアサイクルや電動キックボードなどのマイクロモビリティのシェアリングサービスが増加傾向にある。

シェアサイクルについては、国土交通省の取りまとめによれば平成25年に474ヵ所であったポート数は令和元年時点で2,425ヵ所にまで増加している。移動利便性の向上の他、まちの低炭素化、災害時の交通インフラとしての機能などが期待されており、今後も維持、拡大されていくものと考えられる。

参考文献

[1]　国土交通省　都市局 街路交通施設課 街路交通施設安全対策官 小路 剛志　シェアサイクルの取組等について
https://www.mlit.go.jp/toshi/content/001390576.pdf

A.5　高齢ドライバーの運転免許の返納状況

高齢ドライバーによる自動車事故を防ぐために、運転免許が不要になったり、加齢に伴う身体機能低下などによって運転に不安を感じるようになったりした高齢ドライバーには免許の自主返納が推奨されている。運転免許の自主返納制度は、そのようなドライバーが自主的に運転免許の取り消しを申請する制度である。正式には「申請による免許取り消し」という名称であり、2019年ごろまでは年々増加傾向にあった。

2020年以降は減少傾向となっているが、コロナ渦で接触を避けられる自家用車の必要性が増したためとも考えられる。いずれにせよ、年間数十万件の単位で免許を手放している方が発生していることは事実であり、自家用車に頼らない移動サービスの充実の必要性は年々増していっている。

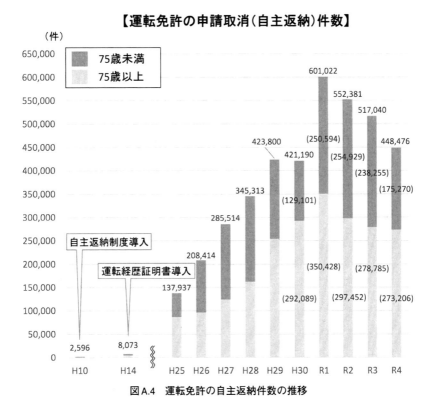

図A.4 運転免許の自主返納件数の推移

参考文献

[1] 警察庁 運転免許証の自主返納について
https://www.npa.go.jp/policies/application/license_renewal/return_DL.html

A.6　関連事例紹介

A.6.1　路線バスの終点（折り返し所）における再開発

　2021年10月に、東京都武蔵野市にある路線バスの折り返し所に、住居・商業・交通の機能を複合した開発を行った、地域コミュニティとモビリティの拠点として「hocco（ホッコ）」がオープンした。シェアカーやサイクルシェア、店舗つきの賃貸住宅が設置されている。地域交通の結節点へ新たな付加価値を生む事例として、先進的な取り組みと考えられる。

A.6.2　松崎町におけるデマンド交通実証実験と買い物支援タクシー

　第2章で紹介した松崎町では、デマンド交通の実証を通じ、地域交通のリ・デザインに取り組んでいる。これまでの大型路線バスによる交通を小回りの利くワゴン車を使用したデマンド交通に置き換えることで、利用者の利便性を高めることに注力している。

　また、主に町内の高齢者の買い物、通院手段を確保することを目的に、タクシー代の補助を行う制度が運用されている。高齢化に伴う免許返納者の増加を背景に、利用者数は増加傾向にある。

A.6.3　山形県鶴岡市における路線バス増便の取り組み

　山形県鶴岡市においては、市内中心部を循環する路線バスの車輛を小型化し、本数を大幅に増やすことで利便性を高め、利用者を大幅に増加させている。

　当然運行コストも増加しているはずであるが、減便、廃止へ傾きがちな昨今の地域交通の状況に照らせば、異例の積極的な取り組みと言える。

A.6.4　愛知県春日井市における自動運転カートの定常運行

　愛知県春日井市の高蔵寺ニュータウンでは、2023年2月1日から地域のNPO法人「おでかけサービス協議会」による自動運転車輛の定常運行が始まった。自家用有償旅客運送で提供中のオンデマンド型送迎サービスを自動運転レベル2で運行している。自家用有償旅客運送で行うオンデマン

ド型の自動運転送迎サービスを住民主体で運行するのは、国内初の事例となる。

（サービス概要）

1. 運行範囲

　　高蔵寺ニュータウン石尾台地区内

2. 使用車輌

　　7人乗り自動運転カート（ゆっくりカート）

3. 特徴

・あらかじめ決められた運行ルートの範囲内を自動運転で走行

・オペレーターが入力する予約システムと車輌が連携、配車・運行経路設定を自動化

※自動運転が出来ない区間や路上駐車対応時などは手動運転で対応

図A.5　春日井市　高蔵寺ニュータウンを走行する自動運転カート

参考文献

[1]　小田急バス　hoccoWebサイト
　　https://www.odakyubus.co.jp/hocco/

[2]　松崎町　タクシーによる買物等支援事業について
　　https://www.town.matsuzaki.shizuoka.jp/docs/2020042700018/

おわりに

　地域公共交通の危機的状況はコロナ渦を経て、政策的な課題として広く認識され、議論および対策も始まりつつある。国土交通省の令和5年度の重点政策として「地域公共交通のリ・デザイン」が掲げられ、変革を推進する枠組みも整備されつつある。

　また、繰り返しとなるが、開発を進めている遠隔監視・操縦型自動運転システムは運行事業者や人間の運転者が行っている業務を効率化、最適化する手段として有効ではあるが、導入すれば全ての政策的課題が解決する「魔法の技術」では決してなく、都市計画の中で公共交通を含む移動手段をどのように位置づけていき、どのような体制で運行を行うかという検討プロセスは必須となる。

　枠組みや技術が進展しても、結局それを使いこなし、有効な効果を生み出せるかどうかは関係者の意思によるところが大きい。ぜひ地域公共交通にかかわる全ての皆様の積極的な関与をいただき、住まう方にとってより快適なまちを共に実現させていきたい。

2023年9月
長束　晃一

索引

著者紹介

西山 敏樹（にしやま としき）　監修・第1章・第3章

東京都市大学都市生活学部・大学院環境情報学研究科准教授

博士（政策・メディア）

1976年東京生まれ。慶應義塾大学総合政策学部社会経営コース卒業、慶應義塾大学大学院政策・メディア研究科修士課程および後期博士課程修了。慶應義塾大学大学院政策・メディア研究科特別研究専任講師、慶應義塾大学教養研究センター特任准教授、慶應義塾大学医学部特任准教授、慶應義塾大学大学院システムデザイン・マネジメント研究科特任准教授等を経て現職。一般社団法人日本イノベーション融合学会理事長、日本テレワーク学会理事、特定非営利活動法人ヒューマンインタフェース学会評議員など、学会の役職も多数務める。専門領域は、ユニバーサルデザイン、モビリティデザイン、未来都市論、社会調査法等。交通用車輌の開発に関する大型プロジェクトを多数経験。ユニバーサルデザインにかかわる地域開発も多数手がけており、研究や実務の成果の表彰も20件にのぼる。研究領域にかかわる著書も30冊にのぼる。

長束 晃一（ながつか こういち）　第2章・付録

東急株式会社

社会インフラ事業部　戦略企画グループ　自動運転チーム　主査

2008年東京急行電鉄株式会社（現東急株式会社）入社。鉄道事業部門において増収施策を担当し、イベント、プロモーションから、ICカードを使った鉄道版マイレージやアプリの企画、開発、運営などを担当。

2015年東急テクノシステム株式会社へ出向。航空業界向けシミュレータや鉄道の設備劣化予測システム、ホームドア関連など、新規事業のソリューション営業、企画、開発、施工を担当。

2017年に東京急行電鉄へ復職し、2018年からMaaSおよび自動運転に携わる。

◎本書スタッフ

編集長：石井 沙知

編集：石井 沙知・赤木 恭平

図表製作協力：安原 悦子

表紙デザイン：tplot.inc 中沢 岳志

技術開発・システム支援：インプレス NextPublishing

●本書の内容についてのお問い合わせ先

近代科学社Digital　メール窓口

kdd-info@kindaikagaku.co.jp

件名に「『本書名』問い合わせ係」と明記してお送りください。

電話やFAX、郵便でのご質問にはお答えできません。返信までには、しばらくお時間をいただく場合があります。なお、本書の範囲を超えるご質問にはお答えしかねますので、あらかじめご了承ください。

公共交通の自動運転が変える
都市生活

2023年9月29日　初版発行Ver.1.0

著　者　西山 敏樹,長束 晃一
発行人　大塚 浩昭
発　行　近代科学社Digital
販　売　株式会社 近代科学社
　　　　〒101-0051
　　　　東京都千代田区神田神保町1丁目105番地
　　　　https://www.kindaikagaku.co.jp

印刷・製本　京葉流通倉庫株式会社
Printed in Japan

ISBN978-4-7649-6065-7

近代科学社 Digital は、株式会社近代科学社が推進する21世紀型の理工系出版レーベ
ルです。デジタルパワーを積極活用することで、オンデマンド型のスピーディで持続可能
な出版モデルを提案します。

近代科学社 Digital は株式会社インプレス R&D が開発したデジタルファースト出版プラットフォーム
"NextPublishing" との協業で実現しています。